光之书

光学奥秘探索之旅

王旌尧 张译心 著

人民邮电出版社

北京

前 言

让我们开始这段光之旅吧!

当第一缕晨光温柔地拂过大地时,我们迎来了新的一天;当夜幕降临时,繁星点点,我们又沉浸在宇宙的奥秘之中。光,这个自然界的奇迹,既是我们最熟悉的伙伴,也是充满未知的神秘力量。从古至今,它不断激发着人类探索的欲望。

我们的祖先仰望星空,通过观察天体的运行,记录下时间的律动,编制出日历,将无形的时间化作有形的刻度。古代的智者,如墨子,洞察到光的直线传播特性,为后来的科学探索埋下了火种。随着时间的推移,光的聚焦现象被发现,光学的大门被缓缓推开,科学的光芒照亮了人类文明的道路。

如今，光学成像、光纤通信等与"光学"密切相关的技术，不仅改变了我们的生活方式，更在各个领域发挥着重要作用。在这本书中，我们将从科学、教育和普及的角度出发，带领读者踏上一段探索的旅程，揭开光的神秘面纱。

光的美丽，是文字难以完全捕捉的。光如同一首无声的诗，一幅无形的画，等待着我们去感受，去理解。光学技术对未来人类文明的影响，可能远远超出我们的想象。本书只是揭开了光学世界的一角，它更像是一张地图，指引着我们勇敢地踏入光的世界，去探索、发现和挖掘知识的宝藏。

目　录

光生万物篇

光识万物篇

光联万物篇

01 第一缕光从哪儿来

随着晨曦的温柔呼唤，光线透过窗帘的缝隙，轻轻地拂过你的面庞。你睁开双眼，看到空气中飘浮的细小尘埃在光束的照耀下无声地舞蹈，轻盈而优雅。

日上三竿，云雾散去，你漫步在林荫道上，阳光透过树叶的缝隙，被切割成无数光斑，洒在地面上。尽管明亮的阳光让你不时地眯起眼睛，但这份温暖和光明，却让你的心情也随之明媚起来。

夕阳西下，天边的晚霞如同绚烂的织锦，将天空和云朵渲染成一幅动人的画卷。你心生向往，刚想用画笔捕捉这短暂的美好，夜色就降临，月光和星光开始在夜空中交织出一幅静谧的画面。你转而在白墙上投射出手影，创造出老鹰、小狗等图案，享受着这份简单而纯粹的快乐。

光，这个自然界的奇迹，无论是在清晨、正午还是夜晚，都以不同的方式，带给我们不同的感受和体验。它既是我们生活中不可或缺的一部分，也是我们情感和记忆的载体。

光，是宇宙的信使，携带着能量和信息，穿越时空的长河，照亮了我们的世界。它从宇宙中遥远的地方出发，穿越浩瀚的星海，最终抵达地球。虽然在旅途中，光可能会被反射、折射，甚至被吸收，但它从不停止前进。

你是否曾在某个瞬间，对光的本质产生过好奇？光，这个无处不在的神秘存在，究竟是什么呢？它从宇宙的哪个角落诞生，又将前往何方？你是不是也想过要逮住一缕光，好好研究一番？这不仅是科学家的梦想，也是每一个对世界充满好奇心的人的愿望。通过研究光，我们能够更深入地理解物质的本质，探索宇宙的构造，甚至可能发现新的物理定律。

小贴士

这些问题的答案要从光说起，要说光，就得先说宇宙的诞生。

要想了解光，必须从宇宙的诞生讲起。

宇宙诞生之前，存在着一个让人几乎无法想象的微小的"点"，但它似乎蕴含着无限的质量，这一个点的温度高得令人难以置信。科学家将这个宇宙的初始状态称为"太初状态"。

以现在人类的时间观念来看，在大约138亿年前的某个瞬间，这个点终于承受不了巨大的压力，引发了一场"大爆炸"。这场爆炸不是通常意义上的爆炸，而是一个宇宙级的事件，它标志着宇宙的诞生，自此才有了时间。

从大爆炸那一刻开始，宇宙像气球一样膨胀开来，直到今天仍然没有停止，我们甚至无法想象它的边界究竟延伸到了何方。

在大爆炸之初，宇宙的温度极高，足以让所有的粒子都处于一种极度活跃和动荡的状态。在这种极端的环境下，光子和电子之间的相互作用非常强烈，它们不断地碰撞和散射，形成了一种被称为"等离子体"的状态。在这种状态下，光子会被电子不断地吸收和重新发射，几乎没有机会自由地传播。

伴随着不断膨胀，宇宙开始逐渐冷却，各种粒子也变得不那么"暴躁"。这个过程大约持续了38万年，直到宇宙的温度降低到足够让电子和原子核结合形成中性原子。这被科学家称作"复合时期"，是宇宙历史上的一个里程碑。

在复合时期之后，光子不再被电子频繁地碰撞和散射，于是开始了它们的旅行。这些光子，也就是我们所说的"宇宙微波背景辐射"，成为能被人类"看到"的宇宙中的第一缕光！

这些古老的光子，作为宇宙历史的见证者，携带着宇宙早期的信息，为我们打开了一扇窥视宇宙起源的窗口。通过研究这些光子，科学家能够更好地理解宇宙的早期状态。

02　地球**诞生**的见证者

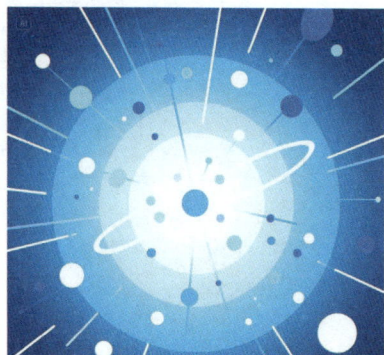

大约 90 亿年前，在银河系的一个不起眼的角落，发生了一件对今天的我们来说意义非凡的事。在那个遥远的时空，无数的原始物质在相互引力的作用下开始聚集，它们相互碰撞，释放出巨大的动能。这些动能将物质加热到了极高的温度，最终在一瞬间，它们被点燃了，一个新的恒星系统就这样诞生了。

这个恒星系统的形成，是宇宙演化的一个缩影。随着时间的推移，能量和物质在宇宙中不断流动和转换。在这个过程中，太阳和它的行星家族逐渐形成。氢和氦，这两种宇宙中最轻的元素，在太阳系的外围区域形成了气态的巨大行星，如木星和土星。它们的体积巨大，但密度相对较低。与此同时，一些相对较重的元素，如铁、硅和氧，在太阳系的中心区域聚集，形成了固态行星，包括我们的地球。固态行星的密度更高，表面由岩石和金属构成。

这个恒星系统的形成不仅标志着太阳系的诞生，也为我们提供了一个研究宇宙物质演化和行星形成过程的天然实验室。通过研究太阳系的行星和其他天体，科学家能够更好地理解宇宙的起源和演化。

大约 46 亿年前，随着太阳系中尘埃的碰撞与合并，地球逐渐形成。年幼的地球经历了频繁的天体撞击，这些撞击事件对地球的早期演化产生了深远的影响。

彗星和小行星等天体携带着巨大的能量，不断地撞击地球表面，这些撞击不仅塑造了地球的形貌，还带来了丰富的化学物质，为地球的大气和海洋的形成提供了原材料。

在这些撞击中，最为著名的一次是与一个被称为"忒伊亚"的天体的碰撞。这次巨大的撞击产生了大量碎片，这些碎片在地球引力的作用下开始聚集，经过一段时间的凝聚和冷却，最终形成了今天我们所熟知的月球。

在地球诞生后，来自太阳的光与热不仅为地球提供了能量，还驱动了地球大气和海洋中的化学反应，这些反应是生命诞生的关键。

04 光与人类文明

光，这个宇宙的信使，在踏上宇宙之旅的那一刻，可能未曾预料到未来会与人类这个充满智慧的朋友相遇，并共同创造出许多伟大的成就。

如果没有光学技术的发展，我们的生活将会大不相同。想象一下，没有照相机和显示屏，我们如何记录和分享我们的故事？没有医学成像技术，我们如何快速准确地诊断疾病？没有眼镜，我们如何矫正视力，看清这个多彩的世界？

光学技术的进步，不仅让我们能够更好地探索宇宙的奥秘，也极大地丰富了我们的日常生活。从电视和电影的高清画面，到手机和计算机的显示屏，光学技术让我们的视觉体验更加丰富和真实。在医疗领域，光学成像技术，如 CT 扫描，让我们能够深入人体内部，发现疾病的根源。在通信领域，光纤技术让我们的信息传输速度达到了前所未有的水平。

这些与光相关的技术不仅推动了人类探索宇宙的进程，也极大地改善了我们的生活质量。它们让我们能够更好地理解世界，也让我们能够更好地与世界互动。

05 可见光与**看不见**的光

在晴朗的日子里，阳光洒满大地，光线似乎无处不在，但我们的眼睛只能感知其中的一部分。光，有着令人着迷的双重身份，它既是粒子，又是波，这就是神奇的波粒二象性。科学家用"波长"这个术语来描述光的波动特性，就像是给光的每一种形态贴上了标签。通过这些"标签"，我们把光分成了几类。

太阳

电磁波

不可见光　　　可见光

单位：微米

γ射线　Ｘ射线　紫外线　　紫蓝青绿黄橙红　近红外线　中间红外线

0.2　　0.4　　0.75

人类的眼睛就像一台精密的仪器，专门用来感知波长大约在0.4到0.8微米之间的"可见光"。然而，相比人类，许多动物拥有超凡的视觉能力，能够感知到人类看不见的光。比如，某些鸟类拥有能够洞察紫外线的锐眼，而一些夜行性动物则对红外线有着敏锐的感知。

下面这张光谱图描绘了光家族的构成，展示了科学家们为不同波长的光所起的名字。从温柔的红外线到神秘的紫外线，每一种光都有它们独特的优势和用途，它们在自然界中扮演着各自的角色，共同编织出世界的绚丽图景。

不可见光

远红外线　微波　工业电波

4　　　1000

（尺寸不按比例）

06 温柔的红外线

光谱图中有一个波段被称为红外线，它不仅是科学史上的一个重要发现，更是我们现代生活中的得力助手。现在让我们回到两百多年前的 1800 年，一起回顾红外线的发现之旅。

当时，英国的科学家威廉·赫歇尔对光充满了好奇，想要探索太阳光谱中不同颜色光的温度差异，于是设计了一个巧妙的实验。赫歇尔让太阳光通过三棱镜，光线便像彩虹一样展开，然后他在光谱不同颜色的位置上放置了温度计。实验的结果令他惊讶：在红光的外侧，温度计的升温速度最快！这一发现揭示了一个惊人的事实：在太阳光谱中，红光的外侧存在着一种看不见的光，它有着实实在在的热效应。这就是我们现在所熟知的红外线。赫歇尔的这一发现不仅丰富了人们对光的理解，也为后来的科学研究和技术创新奠定了基础。

今天，红外线的应用已经渗透到我们生活的方方面面，从遥感探测到医疗成像，从夜视设备到家用电器，红外线都在发挥着它独特的作用。

07 酷炫的**紫外线**

光谱图中的紫外线也是我们的老朋友了。记得小时候，有人总喜欢拿着一支小小的紫光灯在人民币上照来照去，试图发现点儿什么秘密。

大家知道吗？波长越短的光，它蕴含的能量则越大。紫外线的波长比可见光的更短，因此能量更大。这种高能量的特性，使得紫外线在许多领域有着广泛的应用。比如，在医院和实验室中，紫外线灯常常被用来消毒和净化空气。

另外，紫外线还有一个特性，那就是它可以诱导物质发光，这一"光激发光"的特性，被称为荧光。

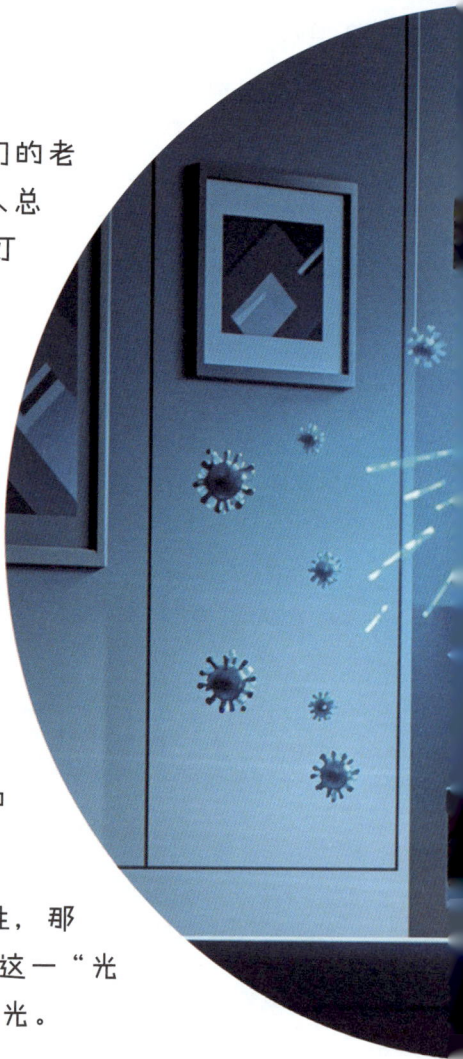

荧光分析是一种非常有用的技术，它可以用来检测物质结构是否完好，在工业、考古和艺术品鉴定等领域都发挥着关键作用。比如，用紫外线可以检验机器零件是否有瑕疵或缺陷。

然而，正如硬币有两面，紫外线也是一样。适量的紫外线照射对人体是有益的，它能够促进人体的新陈代谢，增强人体免疫力，甚至有助于维生素 D 的合成。但强烈且持久的紫外线照射对人体是有害的，可能会导致皮肤损伤和视力问题。因此，我们在享受阳光的同时，也要注意保护好自己，避免紫外线的伤害。

08 我们
是怎么**看见**世界的

闭上眼睛，伸出手去触摸一个未知的物体，你能猜出它的颜色吗？当然不能！颜色五彩斑斓，却无法通过触摸来感知。那么，我们是如何捕捉到光与色彩的呢？这要归功于我们眼睛里的视杆细胞和视锥细胞。

视杆细胞就像是夜晚的哨兵，它们是柱状的，擅长在光线微弱的环境中工作，帮助我们捕捉到物体的轮廓和形状。当我们用眼角的余光扫描四周时，就是这些"哨兵"在默默守护我们的视觉。

视锥细胞是天生的画家，呈锥状，负责捕捉光线中的色彩。它们分为三种，分别对红、绿、蓝这三种颜色特别敏感。当光线进入眼睛时，视锥细胞就像调色板一样，混合出丰富的色彩，并将这些信息传递给大脑，让我们能够欣赏到这个多彩的世界。

那么，我们眼中的世界和动物眼中的世界是一样的吗？其实，每种生物看到的世界都是独一无二的。人类的视杆细胞数量远远超过视锥细胞，这让我们能够在昏暗的环境中保持视觉的敏锐。而小鸡则拥有更多的视锥细胞，它们能够比我们辨别出更丰富的颜色。

至于小猫和小狗，它们眼中的世界对我们来说可能有些单调，主要是黑灰色调，但它们对绿色异常敏感。你看，每种小动物都拥有自己的专属滤镜，这让它们看到的世界与我们可能截然不同。

所以，尽管人类与这些可爱的小动物共享同一个世界，但我们看到的色彩和景象各有千秋。下次当你和你的宠物一起散步时，不妨想象一下，它们眼中的世界会是怎样的一番景象。

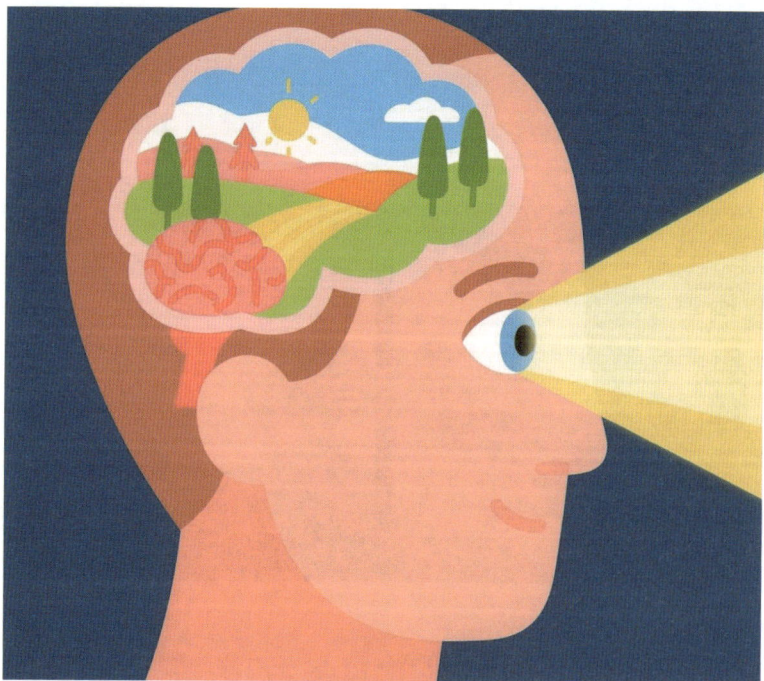

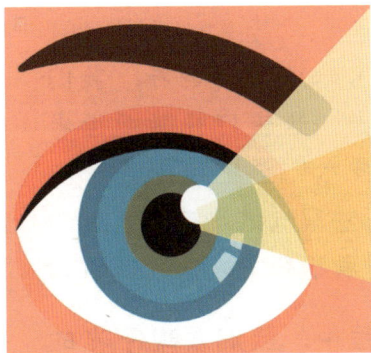

在人类的视觉世界里，视杆细胞和视锥细胞缺一不可，它们共同编织了多彩的视界。如果一个人的视杆细胞发育不完全，尤其是在数量上不足，那么这人在夜晚或昏暗的环境中，就难以感知周边的事物；如果视锥细胞数量不足，可能会遇到色弱的问题，看到的世界便少了几分鲜艳。更严重的是，如果缺少了某一种或两种视锥细胞，某些颜色在我们眼中会变得难以区分。

正如我们之前探讨的，世界本身并没有颜色，是光和我们的视觉系统赋予了世界色彩。为了能够欣赏这个五彩斑斓的世界，我们应当呵护眼睛。首先，均衡饮食非常重要，多吃水果和蔬菜，能为视杆细胞和视锥细胞提供必需的营养，让它们保持活力和健康。其次，我们要注意用眼卫生，避免长时间盯着手机屏幕或计算机屏幕，减少眼睛的压力。所以，趁着阳光正好，走出门拥抱自然吧！

除了我们能直接感知到的这个缤纷的世界，我们身边还存在着一个微观世界。要想打开微观世界的大门，需要借助"光学技术"这把钥匙。它能够帮助我们观察那些肉眼无法察觉的细节。而且，越是深入微观世界，我们越离不开"光"的指引。

在人类对自然界的探索过程中，我们发现了光的奇妙特性，并利用这些特性发明了放大镜。放大镜，这个看似简单的光学工具能将我们带入一个细节丰富、奇妙无比的新世界。

当你用放大镜贴近并对准微小的物体，比如昆虫的标本时，你会发现，随着放大镜与物体之间的距离越来越远（一倍焦距以内），那些微小的生物仿佛被施了魔法，所有的细节在你的眼前逐渐放大，连触须上的细微花纹都变得清晰可见。

这种神奇的变化其实源于光的折射原理。仔细观察并且摸一摸放大镜的镜片，你会发现它的中间厚、边缘薄，这种透镜叫凸透镜。当你把放大镜放在物体和你的眼睛之间时，来自物体的光线会穿过凸透镜，穿过凸透镜中心的光线沿直线传播，其他光线都会向光轴方向偏折。但此时，你的大脑被放大镜"欺骗"了，以为所有光线都是沿直线传播过来的，于是在光线的反向延长线的位置"脑补"出了一个并不存在的放大且正立的虚像。

虽然放大镜为我们打开了观察细节的大门，但它所揭示的仅仅是宏观世界的细微之处。真正的微观世界，那个隐藏在日常生活中，肉眼无法直接观察的神秘领域，需要更先进的工具来探索。人类为了深入这个微观世界，做出了许多坚持不懈的努力。

09 微生物王国

显微镜的发明无疑是人类历史上的一座里程碑，它不仅开启了微观世界的大门，更在随后的四个多世纪里，极大地推动了人类对世界的认识，深刻影响了人类文明发展的进程。

在 16 世纪末的荷兰，有一位眼镜商偶然间发明了显微镜。然而，最初的发明者并没有意识到这个小装置的潜力。直到意大利的科学巨匠伽利略亲手制作了一部显微镜，并用它观察到了昆虫的复眼结构，这一发现在科学界引起了巨大的震动，显微镜这才真正"火"了起来。

随后，荷兰的列文虎克，一个对科学充满热情的探索者，对显微镜的质量和性能进行了持续的改进，使得显微镜的放大能力达到了约 200 倍。他的努力最终让他发现了微生物的奇妙世界，为人类揭开了生命科学的新篇章。

显微镜的发明和应用不仅让人类首次目睹了细菌、病毒等微生物的形态，也为医学、生物学、材料科学等领域的研究提供了强有力的工具。它使得科学家能够观察到细胞的分裂、基因的表达，以及各种生物体内的复杂机制。

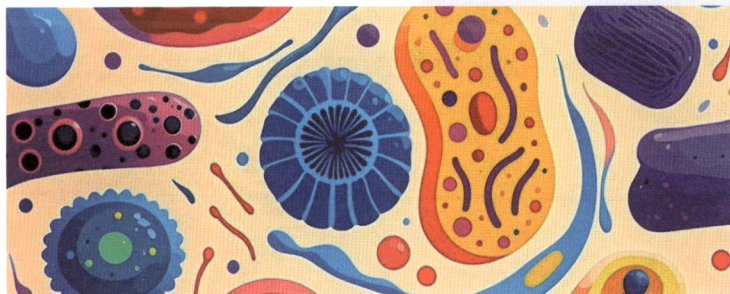

四百多年过去了，显微镜已经从最初的简单透镜结构发展成为能够揭示微观世界秘密的高精度仪器。电子显微镜（EM）和扫描隧道显微镜（STM）是这一领域的杰出代表，它们的出现极大地扩展了我们对物质微观结构的认识。

电子显微镜的发明是显微镜技术的一个重大突破。因为电子的波长远远小于可见光的波长，所以电子显微镜能够达到远高于光学显微镜的放大率和分辨率。

电子显微镜的放大倍数可以达到数万倍甚至更大，这使得科学家能够观察到细胞的超微结构、病毒颗粒以及材料的微观组织。

电子显微镜的工作原理与光学显微镜有相似之处，但也有其独特性。在电子显微镜中，电子枪发射出的电子束经过加速和聚焦，形成细小的电子流，

照射到样品上。电子与样品的相互作用会产生透射和散射等现象，这些电子的分布和强度变化包含了样品的微观结构信息。这些电子经过电子透镜系统的再次聚焦和放大，最终被探测器捕捉并转换成图像信号。

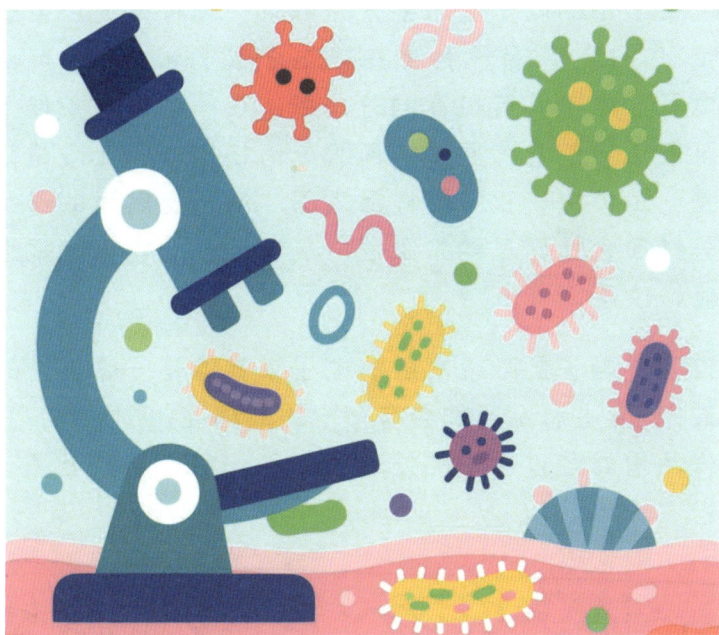

10 一睹**原子**真面貌

现在常用的电子显微镜分为两种：一种是透射电子显微镜（TEM），另一种是扫描电子显微镜（SEM）。透射电子显微镜具有极高的分辨率，在一些特殊条件下，甚至能让我们看清原子的面貌。而扫描电子显微镜则更像是一位侦探，它扫描样品表面，揭示出表面的形状，其分辨率也达到了纳米级别，足以让我们窥见微观世界的精妙纹理。

但是，电子显微镜发射的电子束就像是一股强大的能量波，对某些样品可能会有一定的破坏性。所以，在观测前，样品需要经过特殊的处理和制备，相当于穿上了一件保护衣。

电子显微镜在科学研究和工业生产中扮演着重要角色。在材料学领域，它就像是科学家的超级眼睛，在它的帮助下，科学家可以观察材料的晶体结构和缺陷，从而研究材料的性质和性能。在生物学领域，电子显微镜则能够揭示细胞内部的超微结构，让我们理解细胞是如何运作的。

尽管科技产品已经越来越普及，电子显微镜仍然是一种高端的科研设备，它对操作者的要求非常高，需要专业的技术人员进行指导。如果你有幸能够近距离接触电子显微镜，那将是一种难得的体验。

11

操纵原子的
扫描隧道显微镜

人类究竟是从什么时候开始利用光的特性来观察微观世界的？真相虽然难以考证，但可以肯定的是，人类对微观世界的好奇与渴望从未减弱。在最近的四百多年中，从光学显微镜的发明到电子显微镜的使用，人类对微观世界的认知提升了好几个层次。但我们还没彻底弄清世界到底是由什么组成的，哪儿能就此满足呢！

扫描隧道显微镜则是另一种革命性的显微镜技术，它允许科学家在原子尺度上观察和操纵物质表面。扫描隧道显微镜利用"量子隧穿"效应来探测样品表面与探针之间的微小距离变化，从而得到表面原子的三维图像。这种技术不仅能够揭示材料表面的原子排列，还能够用于操纵单个原子，为纳米科技的发展提供了强有力的工具。

打个比方，将一根头发放在扫描隧道显微镜下，我们会看到什么？首先，我们将仪器视野调整到 100 微米的尺度，这时候相当于我们用肉眼看一片森林，每一根头发就像是森林中的一棵大树。在这个阶段，我们可以看到头发表面密布的细胞，每个细胞大约有 10 微米宽，它们由无数更细小的纤维组成。

再将仪器视野缩小到 100 纳米，这些纤维的真面目开始显现，它们就像大树上的枝丫，错综复杂。继续将视野缩小到 5 纳米，我们将看到构成纤维的蛋白质，它们虽然微小，却是我们身体中不可或缺的一部分。

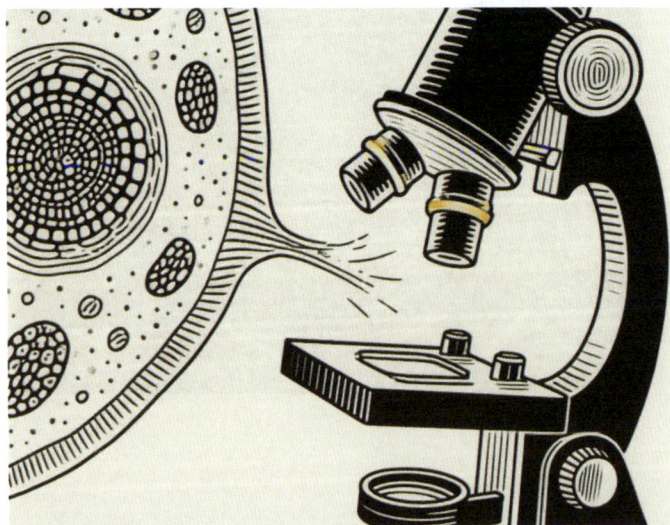

扫描隧道显微镜的能力远不止于此，它能够带我们进入一个更加微观的世界。在这个尺度上，原子开始进入我们的视野。原子是化学反应中不可分割的基本单位，它们由一个原子核和围绕核运动的电子组成。原子的直径通常为 0.1 ~ 0.5 纳米，这是一个难以想象的小尺度。如果将一个原子放大到乒乓球的大小，再将乒乓球同比放大的话，那么这个乒乓球将会比地球还要大！

在微观世界的探索之旅中，扫描隧道显微镜不仅是一台显微镜，更是一位神奇的"原子指挥家"。它赋予了我们超凡的能力，让我们能够观测到样品表面的原子，并且像指挥家指挥乐团一样，精确地操纵这些微小的原子。

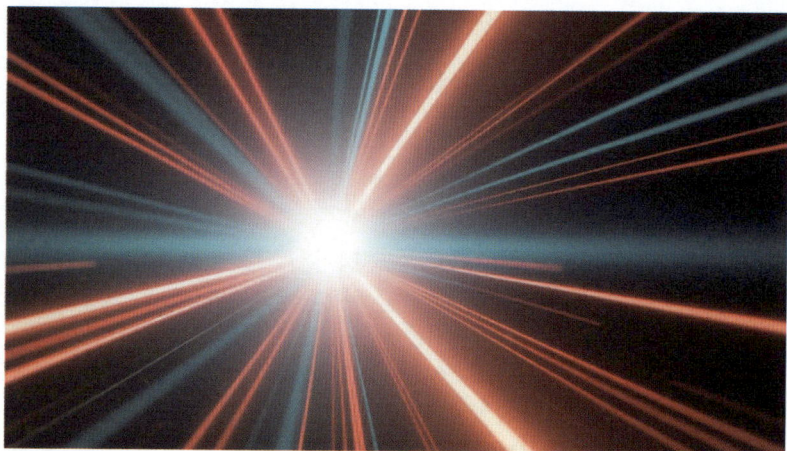

全球首台扫描隧道显微镜于 20 世纪 80 年代初期在瑞士问世，由于对科研技术的进步具有重大推动作用，其应用领域迅速扩张。20 世纪 80 年代末期，我国首台扫描隧道显微镜问世，使得我国的科研探索进入了原子层级。

就在 2020 年，北京大学量子材料科学中心的江颖教授团队及其合作者取得了一项令人瞩目的成就：他们成功研制出了国内首台"超快扫描隧道显微镜"。它不仅实现了飞秒级的时间分辨率和原子级的空间分辨率，而且还能捕捉到金属氧化物表面单个极化子的非平衡动力学行为。这一成果标志着我们在原子层面上对物质的观察和理解达到了一个新的高度，为我们揭开自然界的奥秘提供了更为精准的工具。近几年，扫描隧道显微镜仍在不断进步，让我们持续期待它大展拳脚吧！

小·贴士

飞秒级的时间分辨率

如果把一秒分成一千万亿份，每一份就是一飞秒。拥有飞秒级的时间分辨率的扫描隧道显微镜对于研究光和物质如何在极短的时间内相互作用非常有用。

12 望向深空

在文明的长河中，人类对浩瀚无垠的天空总是充满了无尽的好奇与向往。一开始，人类只能用肉眼观察那些闪烁的星星，试图从中发现宇宙的秘密。但这样的观察方式受到了很大的限制，有时甚至会因此提出错误的宇宙观念。

"地心说"认为地球是宇宙的中心。对于大多数人来说，这个观念似乎很符合他们的直觉和日常经验，因此并没有觉得有什么问题。然而，望远镜的发明让人们观测星空的能力得到了前所未有的提升。望远镜让我们能够更准确地捕捉来自宇宙的信息，更清晰地认识到自己在宇宙中的真实位置。可以说，没有望远镜，就没有我们今天所了解的现代天文学。

望远镜的诞生和许多改变世界的伟大发明一样，并非出自科学家的实验室，而是源于一次偶然的发现。1608 年，在荷兰的一家眼镜店里，一位学徒在检查新制作的镜片的质量时，无意中将两片透镜放在一起，他惊喜地发现远处的景物似乎被拉近、放大了。经过几次尝试，他确信了这个发现，并意识到，通过两片特定的透镜，可以让远处的景象变得清晰可见。

到了 1609 年，伽利略得知了望远镜的原理后，便自己动手制作了一台。他将这自制的望远镜指向夜空，成为第一个用望远镜观测星空的人。通过望远镜，伽利略看到了坑坑洼洼的月球表面，发现了围绕木星转动的四颗卫星，还目睹了银河系中无数的恒星。这些发现彻底改变了人类对宇宙的认识，有人开始意识到地球并非宇宙的中心，甚至不是太阳系的中心，而只是宇宙中众多星球中的一员。从那一刻起，人类对宇宙的浪漫神话有了新的理解，开始以更加科学的眼光去探索宇宙的奥秘。

13 天文望远镜的进化

前面提到的这种利用透镜制成的望远镜被称为折射式天文望远镜。1668 年，著名物理学家艾萨克·牛顿用反射镜代替透镜，制成了世界上第一台反射式天文望远镜。这一创举，为后来天文望远镜技术的发展奠定了基础。

随着天文望远镜的不断改进，人们发现了越来越多的天体，天文学迎来了快速发展。对宇宙深层次持续探索的需求，又反过来推动了天文望远镜技术的升级。

宇宙中的大多数天体离我们十分遥远，因此看起来较为暗淡，采集来自它们的光线是天文望远镜最重要的任务，也是科学家获取宇宙信息的主要方式。天文望远镜需要尽可能多地收集光线，因为收集到的光线越多，我们能获取的信息就越多。那么如何才能收集更多的光线呢？

如果把用天文望远镜接收光线想象成用碗来接住天上掉下来的"馅饼"，那自然是越大的碗能接住越多的"馅饼"。同样，天文望远镜的口径越大，它能收集的来自宇宙的光线也就越多。光线信息越丰富，天体看起来就越清晰。

这说起来简单，但是要想把天文望远镜的口径做得很大可不是件容易的事。如果说大口径天文望远镜是观测宇宙的核心工具，那大尺寸的镜片就是核心中的核心。想象一下，如果我们想要建造一架巨大的天文望远镜，那么镜片的表面必须像平静的湖面一样光滑。哪怕只有一点点凹凸不平，都会导致光线发生扭曲，影响我们观测到的图像质量。

为了打造这种"超级镜片"，中国科学院长春光学精密机械与物理研究所（也被大家亲切地称为"长春光机所"）的科学家经过十多年的努力，终于突破了大尺寸反射镜制造这一技术难关，于 2018 年成功研制出了世界上最大的单体碳化硅反射镜，其口径达到了 4.03 米，身高 1.8 米的成年人站在它旁边都会显得很矮小。更令人惊叹的是这块镜片的光滑程度，就算将这块镜片放大到北京市那么大，它表面的最大起伏也不会超过几毫米。这样的精度，可以说是达到了科学制造的极致。

"超级镜片"的研制成功，不仅展示了我国在光学系统制造领域的强大实力，也标志着我们在这一领域已经跻身国际先进水平。这样的成就，为我们未来的天文观测和宇宙探索提供了更加强大的工具，让我们能够更清晰地看到宇宙的深处，更准确地理解宇宙的奥秘。

14

太空中的
空间望远镜

"一闪一闪亮晶晶，满天都是小星星。"你有没有想过，为什么星星会一闪一闪的呢？其实，这并不是星星在眨眼，而是大气层中的气流像调皮的孩子一样，不时扰动着星星发出的光线，让我们以为星星在闪烁。

为了克服大气湍流的影响，科学家想尽了办法，不仅把望远镜搬到大气干燥稀薄（高视宁度）的高山顶上，还提出了实时观测大气扰动情况并快速补偿当前扰动的自适应光学观测技术。但即使这样，星星的光芒受到的干扰还是无法完全消除。于是，科学家有了一个超级酷的想法：为什么不把望远镜送到太空去呢？

1990 年，这个梦想成真了。哈勃空间望远镜发射升空，直接在太空中安了家。它看到的宇宙比我们从地面上看到的要清晰得多。哈勃空间望远镜就像是一位宇宙的探险家，它用那强大的"眼睛"，帮助我们看到了宇宙的深处，揭示了无数的宇宙秘密。

2021 年 12 月 25 日，经过多年的筹备，被认为是哈勃空间望远镜"继承者"的詹姆斯·韦布空间望远镜发射升空，其反射镜直径为 6.5 米，镜面由 18 块六角形小镜子拼接而成，为人类提供了迄今为止最遥远、最清晰的宇宙红外图像，其中许多星系是之前的哈勃空间望远镜无法探测到的。

不久的未来，我国第一台大口径、大视场空间天文望远镜——中国巡天空间望远镜——将被发射到 400 千米的近地轨道。作为中国空间站的光学舱，它将与中国空间站"天宫"共轨飞行，成为中国空间站的重要组成部分。中国巡天空间望远镜的主镜口径约为 2 米，视场约为哈勃空间望远镜的 300 倍，可以同时实现看得深、看得广、看得精。它的强大可不是说说而已，举个例子你就明白了：哈勃空间望远镜花费一年时间所获取的数据，中国巡天空间望远镜只用一天左右就可以获取完毕。同时，中国巡天空间望远镜自身带有燃料，不仅可以和中国空间站共轨飞行，也能自己飞行，这极大地方便了后期的维护和回收工作。

这些空间望远镜不仅是工程技术的至高成果，也是人类对宇宙强烈好奇心的体现，它们将帮助我们更好地理解宇宙的奥秘，推动天文学和物理学的发展。

有些对天文学前沿有所了解的读者可能会疑惑：我们不是已经拥有了非常厉害的"中国天眼"吗？为什么还要发射"巡天"呢？

其实，"中国天眼"和"巡天"是两种用途和性质都不一样的望远镜。"中国天眼"是世界上最大的单口径射电望远镜之一，它的抛物面天线主要用来接收宇宙中的无线电波，供科学家研究宇宙中那些持续发出肉眼不可见的无线电波的致密天体，如脉冲星。而"巡天"属于光学望远镜，它在可见光波段拥有无与伦比的观测能力，能够帮助天文学家观

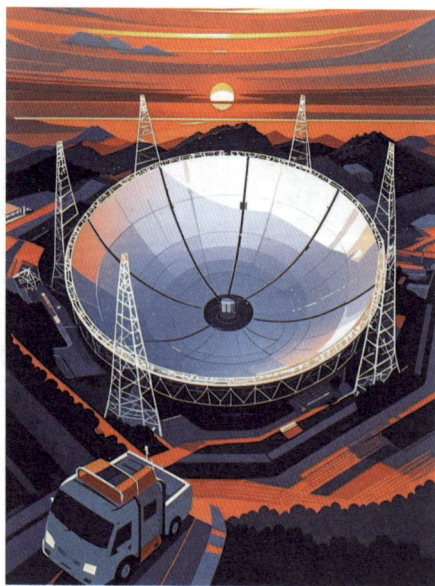

测来自数十亿个星系的光线，确定这些星系的位置、形态和亮度，并绘制出宇宙的结构。它还将帮助我们绘制接近 100 亿光年的暗物质地图，以推测暗物质的性质。

浩渺宇宙，无垠星空，探索的征程充满未知，而空间望远镜，则是人类望向深空的眼睛。一代又一代的科学家通过了解光的特性，攻克了一个又一个难题，又利用光的特性，才得以让人类看到越来越清晰的宇宙图景。

15 地基望远镜

虽然空间望远镜能够摆脱地球大气层的干扰，提供无与伦比的清晰图像，但它们的建造和维护成本是极其高昂的，而且维护起来风险重重。因此，地基望远镜目前依然是天文学的主力设施。

前面说过，即使在高高的山顶，天文观测依然会受到大气湍流的影响。为了解决这一难题，科学家发明了神奇的自适应光学技术。自适应光学技术就像是给望远镜装上了一副"智能眼镜"。通过使用可变形的镜面，望远镜能够根据大气的波动实时调整，以消除大气带来的干扰，让我们能够看到遥远天体的清晰图像。

现在，让我们一起看看人类正在建造或者计划中的大型地基望远镜。它们的规模之大可能会超出你的想象，堪称工程学的杰作。

· 欧洲极大望远镜

正在建设中的欧洲极大望远镜是目前世界上最大的光学望远镜，它的主镜由 798 块六边形子镜拼接而成，每一块子镜的直径为 1.5 米，总口径为 39 米！这意味着，即便是宇宙中那些非常遥远、非常暗淡的光线，都难逃它的"眼睛"。

· 巨型麦哲伦望远镜

由七块直径为 8.4 米的镜面组成，口径为 24.5 米，集光面积巨大，分辨能力更是远超哈勃空间望远镜。

· 30 米望远镜

计划中的望远镜拥有由 492 块子镜组成的、直径为 30 米的主镜，整架望远镜就是一个约 50 米见方的庞然大物。

16 光与影的秘密

在没有快门和闪光灯的古老时代，人们想要留住某个瞬间，只能依靠画家的笔触和色彩。肖像画，这项耗时且需精湛技艺的工作，往往需要数周甚至数月才能完成。但随着时间的推移，人类逐渐揭开了光的神秘面纱，发现了用光捕捉影像的神奇方法。

战国时期，《墨子·经下》中详细记载了小孔成像的现象。墨子通过实验发现，当蜡烛发出的光穿过小孔时，会在暗室的墙上形成倒立的影像。他通过对光与影的关系的研究，提出了"景不徙"的命题，即影子本身并不参与运动，这是由于物体的移动和光线的直线传播造成的视觉效果。这一发现，不仅揭示了光的直线传播原理，也为后来的光学研究奠定了基础。

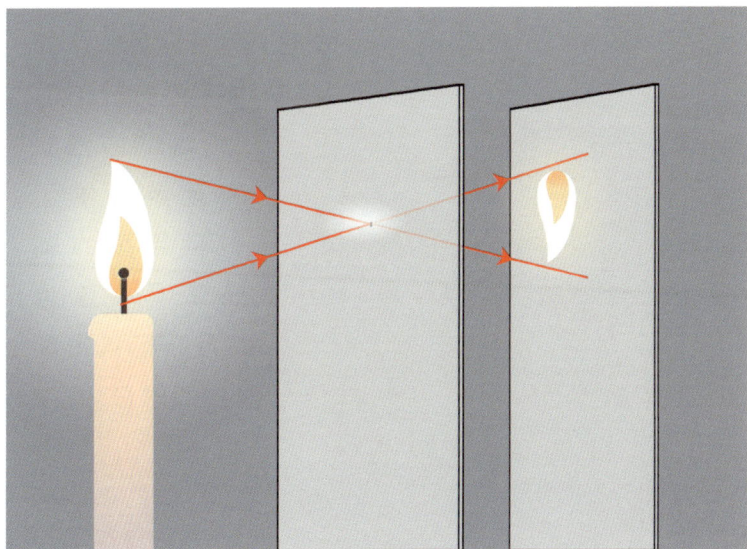

如果你反复尝试小孔成像的实验就会发现，小孔的大小对成像的清晰度和亮度有着显著的影响。小孔越大，成像越模糊；小孔越小，通过的光线越少，成像越暗。16 世纪的意大利科学家卡尔达诺也发现了这一点，于是将双凸透镜放置在小孔的位置上，利用凸透镜汇聚光线的特性，使得成像效果比单纯的小孔成像更加清晰明亮。

意大利贵族巴尔巴罗在卡尔达诺的装置上增加了光圈，通过调节光圈的大小来控制进入镜头的光线量，从而使得装置在不同光照条件下都能获得清晰的成像。这种带有镜头的暗箱能够让外界的景物在箱内壁上形成清晰的图像，为画家提供了一种绘画的辅助工具，这也成为照相机光学部分的雏形。

在文艺复兴时期，这种光学原理的应用对艺术领域产生了深远的影响。艺术家通过对光影的精细处理，使得绘画作品具有更加丰富的视觉效果和立体感。光的美学思想在这一时期得到了充分的体现，艺术家不仅在绘画中，还在建筑和雕塑中探索光的表现，使得作品能够展现出更加真实和生动的光影效果。

17

照相机的
诞生与改进

今天，只要我们把手机摄像头对准景物，然后轻触手机屏幕中的拍摄按钮，就能把那一刻的时光捕捉下来，速度甚至比你读完这句话还要快。但你知道吗？早在大约 200 年前，人们就发现了光影的特性，从而发明了照相机。

在摄影技术的早期发展阶段，暗箱相机已经解决了光学成像的基本问题，但如何将这些图像永久地记录下来，成了科学家面临的新挑战。在图像传感器技术问世之前，人们探索利用化学物质来捕捉光线。经过长时间的探索，一种感光材料终于在暗箱技术诞生两百多年后被发明出来。

19 世纪初的一个夏日，一位科学家在白蜡板上涂抹了一层薄薄的沥青，利用沥青在阳光照射下会逐渐硬化的特性，成功制作出了早期的相机底片。他在勃艮第地区家中的阁楼上，通过暗箱技术，经过长达数小时的曝光，捕捉到了世界上第一幅永久性图像——一幅简单的窗外风景。这幅作品的诞生，标志着人类对光的理解和运用水平又向前迈了一大步。

随后，法国的路易·达盖尔预见到了这种能够捕捉和保存图像的设备的巨大潜力，于是他基于前人的研究成果，对感光材料进行了改进，并优化了照相机的设计，最终发明了一种新型照相机。

这种新型照相机采用金属银盐干板作为感光材料，大幅缩短了拍摄所需的曝光时间，仅需几分钟即可完成拍摄。它不仅能够捕捉静态的建筑和风景，而且拍摄出的图像质量有了显著提升，能够长时间保存。这位艺术家因此被誉为"摄影技术的先驱"。

18

把时光
塞进小小的**胶卷**

新型照相机尽管在当时是一项革命性的发明，但由于其体积庞大、成本高昂，因此也只是专业摄影师的宝贝。直到后来，随着更轻便、成本更低的胶卷照相机的出现，摄影技术才开始真正普及到大众之中。

19世纪末，一位名叫乔治·伊斯曼的美国摄影爱好者因为反感笨重的设备和麻烦的显影方法，于是决定改进它们。他巧妙地将感光乳剂涂抹在透明软片上，并将其卷曲成筒，于是胶卷便诞生了。随后他又创造出了胶卷照相机，

还赋予了它一个响亮的名字"柯达"，这个名字如同快门的声音一样清脆悦耳。后来，他干脆将公司名字改为"柯达"。在随后的百年岁月里，柯达凭借持续创新稳居摄影市场的霸主地位。但是，随着 20 世纪光电子技术的曙光初现，柯达的传统优势也开始面临前所未有的挑战。

1887 年，德国物理学家海因里希·赫兹通过实验揭示了光电效应的奥秘：当光线照射到金属表面时，能够引发电子的释放。这一发现不仅开辟了光与电交互作用的新领域，而且为图像数字化技术的发展奠定了坚实的基础。受到这一发现的启发，科学家开始探索如何将光电效应应用于光信号与电子信号的转换，以实现图像的数字化存储与处理，从而推动了摄影技术向数字化时代的迈进。

19 把光变成电子

在 1969 年的科技舞台上，两颗耀眼的新星诞生了：贝尔实验室的科学家巧妙地基于半导体材料制造了第一块电荷耦合器件（CCD），而美国无线电公司的工程师也不甘示弱，他们研发出了互补金属氧化物半导体（CMOS）。这两项技术宛如科技界的双胞胎兄弟，它们都是图像传感器家族中的"新贵"，擅长利用光电效应将捕捉到的光线转化为电子信号，为计算机的"大脑"提供了丰富的图像信息，使其能够读取、存储、处理和传输。

在那个时代，CCD 和 CMOS 的像素特别低，成像效果可比不上今天，它们拍摄出的图像就像初学绘画的孩子手中的马赛克作品，模糊而缺乏细节。尽管如此，它们拥有一个独特的优势——数字化。数字信号就像计算机世界中的万能钥匙，能够解锁信息的宝库，因此很快便赢得了军方和航天机构的青睐。在冷战的阴影下，美苏两国的科技竞争如火如荼，间谍卫星率先装备了 CCD 或 CMOS 图像传感器，使得数字图像技术在卫星侦察的精度需求下飞速发展。

时间快进到 1975 年，柯达公司的年轻工程师史蒂文·萨森当时年仅 24 岁，却有着超越时代的洞察力，他基于 CCD 技术研发出了世界上第一部数码照相机。萨森以"摩尔定律"为指引，大胆预言了数字技术的未来，认为它将在数十年后超越传统的胶卷照相机。历史证明了萨森的预言是正确的，但对柯达公司来说，这成了遗憾。当时的柯达管理层更倾向于坚守胶卷照相机市场的丰厚利润，而对那个尚在襁褓中的数码照相机技术持保守态度。他们没有意识到，这个小小的数码"婴儿"，未来将会颠覆整个摄影世界。

照相机，这个用来捕捉光影的工具，如今已经是我们生活中不可或缺的一部分。从古老的小孔成像到现代的高科技照相机，它的发展是一部充满激情和创新的史诗。科学家用自己的智慧打下了基础，工程师将这些理论转化为现实，企业家则将这些产品推向市场，最终，是我们每一位用户的需求推动了技术的不断进步。

随着量子计算、大数据、人工智能以及新型成像技术的发展，照相机将不再局限于传统的拍照功能，它将变得更加智能，能够实时分析和理解拍摄内容，提供更加个性化的拍摄建议和编辑选项。照相机也将变得

更加便捷，可能集成到我们的可穿戴设备中，甚至成为我们身体的一部分，让我们能够以前所未有的方式记录和分享我们的生活。

在下一个千年，照相机可能会采用全新的材料和设计，能够捕捉到超出人眼可见光谱的图像，实现前所未有的成像质量。它们可能会与我们的智能家居系统无缝集成，自动记录家庭的重要时刻，或者作为安全监控的一部分。此外，随着虚拟现实和增强现实技术的发展，照相机可能会成为我们体验和创造这些虚拟世界的关键工具。

照相机的未来充满了无限可能，它将继续以创新的方式改变人们的生活，让我们拭目以待。

20 人造光源——激光

想象一下，在远古的夜晚，我们的祖先围坐在篝火旁，那闪烁的火焰不仅驱散了严寒，还带来了光明。这束火光，是人类对光的最初探索，它标志着人类从原始的狩猎生活向文明的迈进。随着时间的流逝，人们不仅学会了利用自然之光，更创造出了自然界中未曾有过的、更为强大的光源——激光。

激光，这个名字听起来充满未来感，但它其实已经融入了我们的日常生活。从教室的激光笔到办公室的激光打印机，再到演唱会上炫酷的激光秀，激光的身影无处不在。那么，激光究竟是什么呢？

激光，本质上也是光，和家中温馨的灯光、户外明媚的阳光一样，都是电磁波家族的一员。激光的诞生，要归功于一位伟大的科学家——爱因斯坦。在20世纪20年代，他提出了一个革命性的理论：除了自发发光，物质还能在受到激发后发出特定频率的光，这就是受激辐射。

与家中的灯泡或户外的阳光不同，激光的光线更加集中、明亮，这是因为激光的产生过程非常特殊，它需要特定的物质和激发条件。对比一下你就明白了：灯泡发出的光是向四面八方传播的，即便给它加上反光灯罩，类似于手电筒或汽车前灯，它的传播方向会相对集中一些，但发散角仍然较大；而激光像一支训练有素的军队，直指目标。

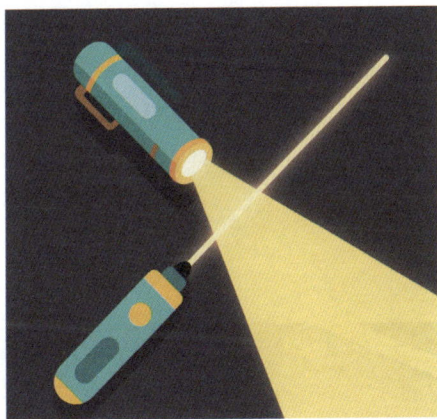

激光的发明之旅并非一帆风顺。从理论的提出到实际的创造，人类花了将近半个世纪的时间。1960 年，美国物理学家西奥多·哈罗德·梅曼终于制造出了世界上第一台激光器——红宝石激光器。这一发明，不仅开启了激光技术的新时代，也让我们对光的理解达到了新的高度。

21

当二极管
遇到**红宝石**

当你用一个小小的发光二极管（LED）轻轻照射红宝石时，奇迹发生了！红宝石仿佛被赋予了生命，开始散发出透亮而迷人的红色光芒。这是因为红宝石内部藏着一群特殊的"小精灵"，我们称之为激活离子。

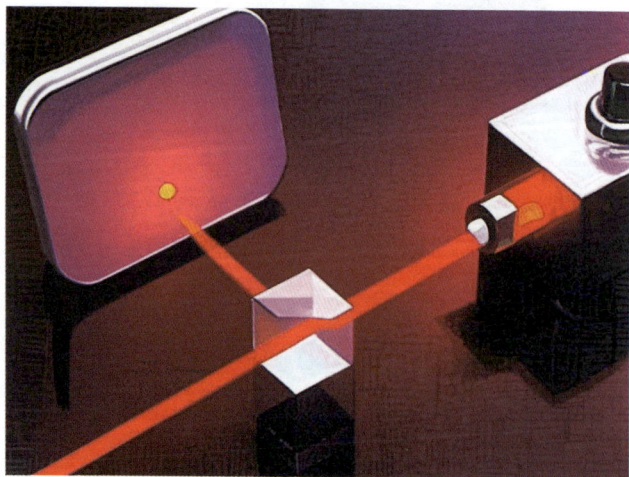

二极管

二极管是用硅、硒、锗等半导体材料制成的一种电子器件。

这些激活离子在红宝石的微观世界里沉睡，直到 LED 的光线将它们唤醒。它们贪婪地吸收着 LED 传递过来的能量，然后将这份能量以光的形式释放出来。这个过程，就是人们所说的"激发"。

但这个过程并不是随意的。如果你试图通过电流来唤醒这些激活离子，就会发现红宝石依然保持着它的沉默和神秘，不会有任何光芒。这说明，即使是微小的激活离子，也有它们偏好的唤醒方式。只有使用正确的激发方式，它们才会愿意展现自己的光芒。

1961 年的一个秋日，在长春光机所的实验室里，一群年轻的科学家屏息以待。他们的领头人，31 岁的王之江，正注视着一台看似普通的黄色仪器。突然，一束橘红色的光斑从仪器中跃出，如同破晓的曙光，照亮了实验室的每一个角落。他们的欢呼声几乎要掀翻屋顶——中国的第一台激光器诞生了，这标志着中国光学研究迈入了一个崭新的纪元。

王之江和他的团队已在激光器的研究之路上默默耕耘多年。当时，国内的科研条件十分艰苦，激光研究举步维艰，但他们并没有放弃。在王之江的带领下，这些年轻的科研人员利用业

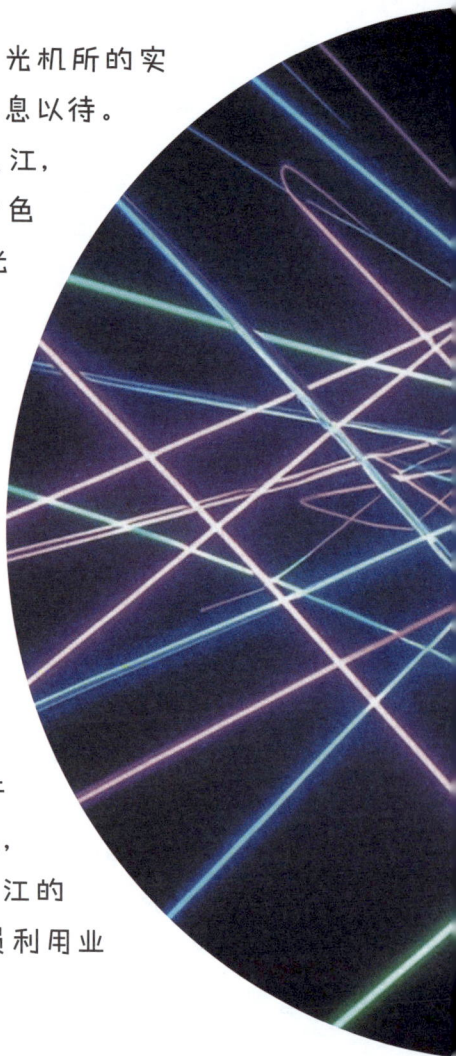

余时间，凭借着对科学的热爱和执着，展开了自主研究。

当梅曼成功研制出红宝石激光器的消息传到中国时，王之江和他的团队如同被注入了一剂强心针。他们夜以继日，加快了研究的步伐。尽管条件艰苦，但他们的成果令人瞩目——中国的激光器比美国仅晚了一年多，甚至比苏联还要早两个月，技术指标更是达到了当时的国际先进水平。

与普通光源相比，激光拥有三大"超能力"：高单色性、高亮度和高单向性。这使得激光的应用变得无比广泛。

科学家发现，在光谱的各个波段，都存在受激辐射现象，因此不管是可见光还是不可见光，都有对应的激光。激光的颜色极为纯净，色彩鲜艳夺目，这让它在许多应用中是理想的光源。例如，在科学研究中，激光可以用于精确的光谱分析；在工业中，激光切割和焊接依赖于激光的高能量和单色性，实现了对材料的精确加工。

在光源的亮度对比中，蜡烛、电灯、碳弧灯和氙灯虽然各有千秋，但当激光器加入这个光芒大赛时，它们的光芒都显得微不足道。激光器被誉为"人造小太阳"，其亮度足以使太阳黯然失色。一台普通的氦氖激光器的亮度就能轻松超越太阳 100 倍，而那些巨型的脉冲固体激光器更是能让太阳看起来像一盏微弱的小夜灯，它们的亮度是太阳的 100 亿倍！

这样的亮度意味着激光器拥有巨大的能量。高能量的激光束能够产生几千摄氏度，甚至上万摄氏度的高温，足以把金属熔化成液体。这就是为什么我们在汽车制造和广告牌制作中经常能看到激光切割技术的身影。

激光的高单向性特性，使其能在长距离内保持其光束的状态，不会像手电筒的光那样迅速发散。如果用激光照射月球，月球上形成的光斑可能只有几千米宽；而如果用探照灯照射月球，那个光斑可能会覆盖整个月球表面，直径达到几万千米。

就我们现在使用激光的距离而言，这种微小的发散几乎是可以忽略不计的。

激光的这一特性被广泛应用于激光雷达和激光通信等高科技领域。如今，许多自动驾驶汽车装备了激光雷达，雷达利用激光的高单向性来感知周围环境。随着科技的不断进步，激光技术有望被应用到更多令人兴奋的产品中，让我们的生活变得更加智能和便捷。

22 从卫星导航到
自动驾驶

说起交通工具，你的脑海中会浮现出什么呢？是在城市街道上轻快穿梭的自行车，高速公路上风驰电掣的汽车？或者是在铁轨上飞速滑行的高铁，在波涛中破浪前行的轮船？还是在蓝天中自由翱翔的飞机？

回想过去，我们的祖先最初只能靠双脚丈量大地，后来驯服了牛、马等大型牲畜来代步和运输。随着时间的车轮滚滚向前，轿子、马车等更加便捷的交通工具逐渐出现在人类的生活中。进入蒸汽时代，人们迎来了蒸汽动力的汽车、火车等现代化交通工具。到了 21 世纪的今天，众多新技术的涌现让我们不仅能够轻松乘坐汽车、火车、飞机，更有勇敢的宇航员搭乘火箭，踏上了探索宇宙的征程，这无疑是人类文明的一次巨大飞跃。

尽管现代的交通方式已经如此多样，我们对它们的期待却从未停止。以汽车为例，这个我们日常生活中最亲密的伙伴，已经从简单的代步工具，演化成为集成了计算机、人工智能等尖端技术的智能设备。自动驾驶汽车这个曾经的科幻概念，似乎正逐渐变成现实。但这一切真的像听起来那么简单吗？接下来，我们就来一探究竟。

所谓自动驾驶汽车，也称为无人驾驶汽车，是一种能够独立于人类驾驶员，依靠先进的计算机系统自主导航和驾驶的智能汽车。如果所有的汽车最终都能实现自动驾驶，我们只需轻点屏幕，输入目的地，汽车就能安全、准确地将我们送达。到那时，驾驶员或许可以放松时刻紧绷的神经，真正地享受旅程。

小贴士

汽车与电动车

啊哈，此刻一定有人要来纠正："我们不应该叫它自动驾驶'汽车'，因为现在很多高科技车辆已经采用电力作为能源了！"说得对，但为了表达方便，我们在这本书里还是暂且称它们为"汽车"吧！

23 激光雷达与
传感器

"眼观六路，耳听八方"，这句话说的是我们需要时刻保持警觉，注意周围的一切动静。在自动驾驶汽车的世界里，车辆也需要这样的超能力。在自动驾驶技术还未诞生的年代，驾驶员就是汽车的眼睛和耳朵，他们观察路况，听从信号，确保行车安全。但在未来，汽车将像舞者一样优雅地穿梭在道路上，它们不需要驾驶员，却能安全、准确地将乘客送达目的地。这就是自动驾驶汽车的奇妙世界，它们的秘密武器就是激光雷达！

在自动驾驶的领域，激光雷达就像是自动驾驶汽车的眼睛。它通过发射激光束并接收反射回来的光来测量周围物体的距离和速度。这些激光束能够快速地扫描周围环境，创建出车辆周围环境的三维地图，让汽车"看到"并"理解"周围的世界。这种技术的应用，使得自动驾驶汽车能够识别行人、车辆、交通信号和其他障碍物，从而做出快速而准确的行驶决策。

除了"眼睛"，自动驾驶汽车自然还有"耳朵"，也就是毫米波雷达和超声波雷达。它们通过发射毫米波或者超声波来探测与周围物体的距离。不同的雷达有不同的探测距离，从而实现不同的功用。在可视距离感知范围内，激光雷达的最远可探测距离超过 500 米，而毫米波雷达最远可探测 250 米左右，超声波雷达的探测距离一般不超过 3 米。

此外，光电子器件如同皮肤，在自动驾驶汽车中也发挥着重要作用。例如，光纤传感器可以用于监测车辆的各种状态，如轮胎压力、温度等，为车辆的安全行驶提供保障。

当自动驾驶汽车在道路上飞驰时，它们需要一个强大的"大脑"来处理来自各种传感器的海量数据。这个"大脑"就是芯片。芯片的算力越强，处理数据的速度就越快，汽车做出决策的时间就越短，乘客的出行也就越安全。

想象一下，如果一辆汽车以 60 千米/时的速度行驶，那么每分钟就能行驶 1 千米。这意味着，汽车每秒能前进大约 16.67 米。因此，自动驾驶系统的计算速度必须足够快，否则任何微小的延迟都可能带来安全隐患。

在自动驾驶的高科技世界里，汽车的"大脑"——芯片——扮演着至关重要的角色。这个隐形的超级英雄，每秒要进行数百万次的计算，确保我们的每一次出行都安全、顺畅。

24 导航系统

在汽车的各个位置配置足够多的传感器来获取外界的信息，这只是实现自动驾驶的基本条件。想要安全到达目的地，还需要为汽车规划行驶路线，设定行驶速度等。这就需要天上的"眼睛"帮我们保驾护航。

相信只要大家使用过智能手机、智能手表等电子产品，就会对"北斗卫星导航系统"有所耳闻。只要我们的电子产品有信号，无论我们身处天涯海角，"北斗卫星导航系统"都能让我们确定自己的位置，也能定位到达自己想要去的地方。

其实早在 20 世纪末，一些民用汽车就开始搭载导航系统了，但当时的定位系统精度并不高，也无法提供道路的最新情况。经过二十多年的发展，如今的全球定位系统，比如中国的"北斗卫星"、美国的全球定位系统（GPS）等，基本可以达到米级精度，也就是说，当天上的卫星在为我们导航时，精度极高，误差仅有几步远。这是很难得的成就！不过要想实现汽车的自动驾驶，这还不太够，自动驾驶需要分米甚至厘米级的精度。我们前面提到过，就算汽车以 60 千米 / 时的速度行进，每秒就能跑出大约 16.67 米，而且汽车行驶在路上，会与其他汽车、行人以及各种各样的障碍物交会，所以误差越小越好。

目前，卫星导航系统都是将无线电信号发送给汽车的定位芯片，然后芯片通过计算来确定位置，这个过程会受到卫星距离、天气等因素的影响。我们前面了解到激光是人造的最强光，具有高单色性、高亮度和高单向性，那我们能否使用激光代替无线电来发送信号？其实我国已经开始尝试采用星地间激光信号通信了。在长春光机所研发的大型激光通信标校设备的协助下，科学家实现了要比无线电通信快 100 万倍的星地间激光通信，导航精度也提升了 40 倍。目前激光通信还在研究阶段，没有真正使用，要是"北斗"导航系统升级了激光通信技术，那真是遥遥领先了！

25 光纤——
光的高速公路

光纤，一根纤细的玻璃或塑料丝线，却承载着信息时代的重量。当光在光纤的内部遇到弯曲时，它不会逃逸，而是像被施了魔法一样，在纤维内壁上来回反射，跳跃向前，直到到达目的地。

光纤的诞生，源于两位科学家——高锟和乔治·A.霍克汉姆——在 1966 年的开创性工作。他们的研究点燃了光纤通信的火种，为后来的光纤技术革命铺平了道路。高锟因其在光纤领域的杰出贡献，于 2009 年荣获诺贝尔物理学奖。

光纤是一根由三个同心层组成的玻璃丝线。光纤的中心是纤芯，它由高折射率的玻璃制成，就像是光的高速公路，确保光沿着预定的轨迹快速前进。环绕纤芯的是包层，由低折射率的硅玻璃制成，它的任务是轻轻引导光，确保其在纤芯中沿正确路径传播。

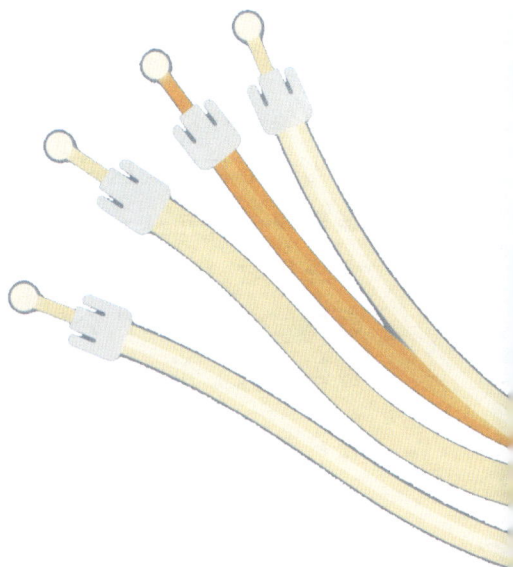

涂覆层是光纤的外衣，它的职责是保护光纤免受外界的刮擦和损伤，同时也赋予光纤更多的柔韧性，使其能够轻松地弯曲和铺设。对于非裸露的光纤，还会有一层外护套，它不仅提供了额外的保护，还可以通过不同的颜色区分不同类型的光纤，就像是光纤的个性化标签。

在光纤家族中，有两个重要的成员：单模光纤和多模光纤。单模光纤就像是一条单行道，它的直径较小，只允许一个方向的光通过，这使得光能够在其中直线行驶，减少了干扰和延迟。而多模光纤则像是一个宽阔的广场，它的直径较大，可以容纳光波多个角度射入并传播。

要理解光纤的原理，我们首先要了解光的全反射。这是一种特殊的物理现象，当光从一个介质射向另一个介质时，如果入射角足够大，光就会完全反射回原介质，而不是折射到另一个介质中。

光纤就是用这个原理来工作的，它把光"关"在这条线缆中，让光在里面一直向前跑。但是，光纤里的光也会遇到一些小麻烦，比如光纤弯曲了，被捏了一下，里面混进小灰尘，或者两根光纤接起来的时候没有对齐……这些都会让光能慢慢变弱。虽然我们现在的光纤技术很厉害，但是要让光能一点儿都不损失，还是挺难的。

光纤的损耗直接影响光纤通信系统能够覆盖的距离。如果损耗较低，光就能传播得更远，这意味着我们可以在更长的距离上进行通信，或者在更远的地方设置中继站来让信号接力。

还有一个问题是光纤色散，说的是在光纤里，不同模式、不同波长的光在传播过程中发生了"脉冲展宽"，互相串扰，影响了终端信号的解析。这样我们打电话或者上网的时候就有一定概率遇到解码错误。

26 光纤通信

光纤目前正在各个领域发挥着巨大的作用。在医学上，光纤内窥镜成为医生探索人体内部的神奇工具；在工业生产中，光纤被用于远程控制和监测工业设备；在专业音响和视频系统中，光纤可以传输高质量的音频和视频信号，带来超棒的视听效果。对我们普通人而言，光纤在通信领域更是独当一面。

光纤通信，这个光与信息的完美结合，自 20 世纪80 年代以来，已经彻底改变了电信行业。不管是声音、图像还是文字，通过光纤，可以瞬间穿越城市，跨越海洋！

光纤通信的过程可以简单归纳为四个步骤：信息被转换成光信号；发射光信号；光信号在光纤中传输；在光纤的另一端，光信号被转回电信号。这个过程就像一场光速的接力赛，信息在光纤中以极快的速度传递。

与传统的电传输方式相比，光纤通信有着明显的优势，比如更大的传输容量和更强的保密性。在个人信息保护变得越来越重要的今天，光纤通信的保密性尤其重要。如今，光纤通信已经成为全球最主要的有线通信方式，支撑着全世界的信息交流。

27 光刻机是什么

科技革命是人类历史上的里程碑，每一次科技革命都极大地改变了人们的生活方式和社会的发展轨迹。第一次科技革命发生在 18 世纪中叶的英国，蒸汽机的发明标志着人类开始大量使用以煤为代表的动力源。这一时期工人们纷纷走出手工作坊，奔向工厂，蒸汽机极大地提升了工人的生产效率。率先走入"蒸汽化时代"的英国，很快成为"世界霸主"。

第二次科技革命发生在 19 世纪 60 年代后期，以发电机、电动机、内燃机、通信设备为代表的一系列新发明标志着人类迈入"电气化时代"。这一时期涌现出一大批后起之秀，美国、德国、日本、法国等借助这轮科技革命率先实现了工业化。

第三次科技革命发生在 20 世纪中后期，电子计算机、原子能、空间技术和生物工程的发明标志着人类步入"信息化时代"。电子计算机尤其是芯片工艺的飞速发展也为新一轮科技革命提供了物质基础和技术储备。

第四次科技革命正发生在当下，目标是实现智能化，简单来说就是用智能技术实现产业升级，让每个人都有机会摆脱简单、重复、枯燥的工作，进而有时间去做自己真正想做的事。而在以智能化为代表的人工智能、物联网、大数据、工业机器人等技术的背后，全都离不开芯片。那么，芯片是怎么来的呢？是用光刻机制造出来的！光刻机被称为"半导体工业皇冠上的明珠"，是制造芯片的核心设备。因此，掌握了光刻机技术，就能在信息化、智能化的浪潮中抢占先机。

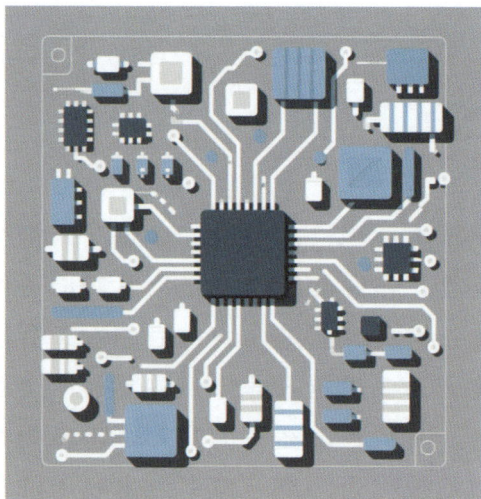

如果把芯片比作一个做工极其精细的雕刻工艺品，那么它的制造过程仅需要四步：第一步是设计加工好"图纸"；第二步是把"图纸"盖在材料表面，用"画笔"勾出要雕刻的花纹；第三步是用"雕刻刀"剔除材料中的多余部分，逐渐呈现出工艺品完整的模样；最后一步是吹走材料碎屑。这样就大功告成啦！

芯片制造过程中的"图纸"被称为掩膜，包含电路图信息；"画笔"就是光刻机，用于刻画起到保护作用的光刻胶；而蚀刻机就是"雕刻刀"，用来刻掉没有光刻胶附着的部分，保留有光刻胶保护的硅晶圆。

没错，这听起来并不难，也正因如此，在早期芯片集成度还不高的时候，光刻工艺并不需要单独的特殊设备，制造厂临时搭建的光路就可以满足使用要求。但后来，芯片的复杂程度呈指数级增长，人们突然发现：哇！芯片的结构怎么这么复杂！一块小小的芯片竟然密密麻麻集成了如此多的电路，得赶快发明一台能专门刻画电路的机器。于是光刻机的发明也就提上了日程。

如果我们能够建造一座微观世界的工厂，在那里，数以亿计的微型开关——晶体管——被精确地放置在比指甲盖还小的硅片上，那会怎样？这就是光刻机的神奇之处，它能够制造出 5 纳米的芯片，这是一个多么微小的尺度！要知道，1 纳米仅仅是 1 米的十亿分之一，而 5 纳米的芯片意味着晶体管之间的距离只有 5 个纳米，这已经非常接近原子核之间的距离了。

在这样的尺度上，一块小小的芯片可以集成数以亿计的晶体管，而晶体管的数量越多，芯片的计算能力就越强大。这就像是在一个微型城市中，每一条街道和每一个建筑都被设计得更加精细，以便容纳更多的居民和设施。

为了实现这样的高精度制造，光刻机的结构极其复杂，各组部件间的配合十分精确。它由数十万个精密的零部件组成，其中最关键的部件有三个：光源、光学镜头和曝光台。光源负责产生光线来刻画光刻胶，光学镜头用来调整光路和聚焦光线，而曝光台则用于放置硅晶圆，并抑制光刻过程中环境振动的影响。

在光刻技术发展的早期，光刻机大多采用接触式光刻，即将掩膜直接放在硅片上，然后用光源照射。但这种方法存在一个问题，那就是掩膜和硅片直接接触会造成磨损。为了解决这个问题，科学家发明了接近式光刻技术。在这种方法中，掩膜被稍微抬高，离开硅片一小段距离，并且在掩膜和晶圆之间放置一枚透镜，这样就减少了直接接触带来的磨损问题。

小·贴士

1 纳米究竟有多小？

人类的头发丝是不是很细了？把它再分成 50 000 份，每一份大约就是 1 纳米！

28 光伏——
低碳环保的中国"名片"

现代人可能很难适应没有电能的生活。电能无处不在：打开电灯开关，电能转换成光能，整个房间变得通透明亮；摁下空调遥控器，电能催动压缩机把房间里的热量带到室外，让人顿觉清凉；接上充电桩，电流顺着线缆缓缓流入蓄电池，新能源汽车又充满了干劲……电能渗入了现代生活的方方面面，如果没有电能，绝大多数设备将停摆。

你是不是曾经也很疑惑，电能是从哪里来的呢？

电能并不能凭空产生，它是由其他状态的能量转化形成的。将化石燃料、水力势能、太阳能、风力动能以及核能等各种能量转化为电能的过程被称为"发电"。常规的发电方式有火力发电、水力发电、太阳能发电、风力发电和核能发电。这些电能从各个发电厂产生，经过数次变压后，沿着高压电线输送到千家万户。

在火力发电的过程中，需要消耗大量煤炭、天然气和石油等化石燃料，同时排出大量二氧化碳等温室气体，会加剧地球的温室效应。

相比之下，利用水力、太阳能、风力、核能发电，无须消耗化石燃料就能产生电能，这些也就是人们常说的"清洁能源"。

清洁能源的产生过程虽然低碳环保，但相应的发电站的建设大多会受到地理环境的制约。如水力发电站需要建在水流充足、高低落差大的峡谷地区；风力发电站适合地形空旷、风速较快的地区；核能发电站的选址和建设，需要考虑安全性和废弃物处理等方面的问题。而太阳能发电站较少受地理因素的制约，

只要日照充沛，就能源源不断地产生电能。

太阳能发电包括太阳能光热发电和太阳能光伏发电两种方式，其中，光伏发电凭借着成本低、灵活性高、技术成熟、环境适应性强等优势，成为非常理想的太阳能发电方式。

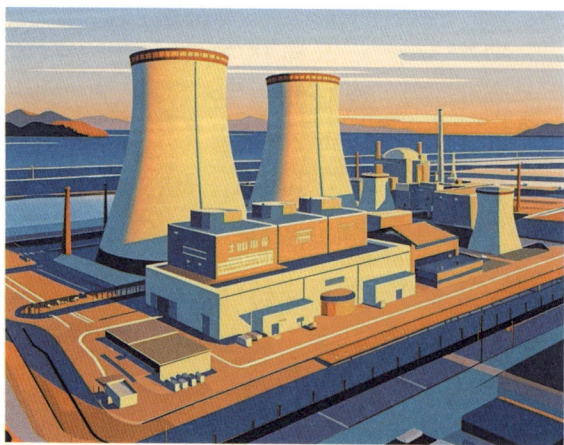

光伏发电的核心器件是太阳能电池，主要由硅制成——没错，硅就是沙子的主要成分。一般在一片完整的硅片中会用不同的工艺掺入磷原子和硼原子，使其一端形成 N 型半导体，另一端形成 P 型半导体。当太阳光照射在硅基半导体上面时，会发生光生伏特（简称"光伏"）效应，激发 P 型半导体端中硼原子的电子向 N 型半导体端移动，这样就在太阳能电池内部产生了电流，进而在正负电极处形成了电势差，来自阳光的太阳能就变成了电能。

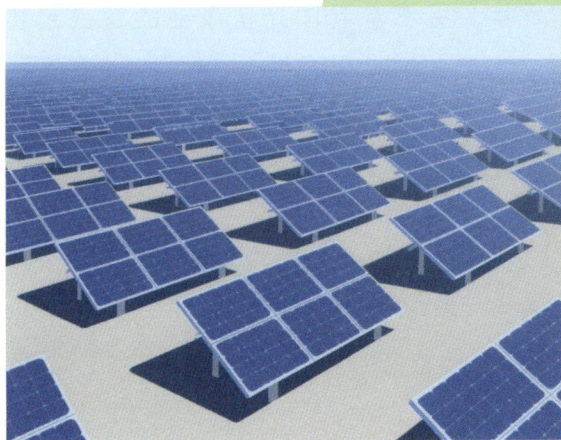

当然，在实际工程运用时还需要考虑许多其他的问题。例如单个太阳能电池产生的电压和电流都太小，因此需要把电池串联、并联起来形成整块的太阳能电池板，以增大输出功率。同时，由于电池板产生的是直流电，而我们日常使用的电器需要的是交流电，因此需要加装逆变器实现直交流的转换……诸如此类需要考虑的问题还有许多，别看这一块电池板个头儿不大，里面蕴藏的学问可不少呢！

现在我们看到的卫星，很多都有一对大大的"翅膀"，那就是用来给卫星供电的太阳能电池板。1970 年，我国的第一颗人造卫星"东方红一号"成功发射，因为没有搭载"充电器"，这颗卫星在轨运行 28 天后电量耗尽，不再发射信号。11 个月后，我国的第二颗人造卫星"实践一号"带着 28 块太阳能电池板升空，在轨成功运行了8 年，标志着我国光伏事业的正式起步。

在随后的数十年里，中国光伏实现了从"上天"到"落地"的转变。20 世纪 80 年代末至 90 年代初，我国建立了一批光伏工程技术研究中心和实验基地，为光伏产业后续的蓬勃发展提供了技术储备。21 世纪初，我国出台了一系列政策支持太阳能光伏产业的发展，这些政策扶持了一大批国产光伏企业，使得中国的光伏产业迅速发展壮大，在全球市场上占据了一席之地。截至 2020 年底，中国光伏企业已经在全球范围内建立了大量的光伏发电项目，成为全球光伏市场的重要参与者。

在全球光伏市场占有率节节攀升的同时，中国光伏产业在技术创新方面也取得了显著的成就。2023 年，中国科学家自主研发的新型电池以 33.9% 的全球最高效率，创造了叠层太阳能电池新的世界纪录。

光伏产业现在已经成为低碳环保的中国"名片"，不仅为中国经济的可持续发展提供了重要支撑，也为全球低碳环保事业做出了重要贡献。中国"智造"的光伏太阳能电池板为世界各地源源不断地提供能源支持，极大地减少了碳排放。未来，中国光伏产业将继续发挥低碳环保的重要作用，为推动清洁能源发展，促进全球能源转型做出更大贡献。

结 语

创造更多的奇迹

随着最后的篇章落下帷幕，我们不禁感慨万千：光，这个宇宙中最古老也最神秘的存在，它既是我们日常生活中不可或缺的一部分，也是科学探索中永恒的主题。在这本书中，我们从光的基本性质出发，一步步了解了它在各个领域的应用，见证了光如何塑造了我们的世界。

在探索光的旅程中，我们不仅学习到了光的折射、反射等基本物理现象，还了解到了光在通信、医疗、能源等领域的广泛应用。对光的探索，不仅仅反映出人们对自然现象的好奇，更是对人类智慧的挑战。每一次对光的深入理解，都为我们打开了一扇通往未知世界的大门。

光，是连接过去与未来的桥梁。它见证了人类文明的发展，也预示着科技的未来。从古代的火把到现代的光纤通信，从简单的透镜到复杂的激光技术，光的应用不断拓展，推动着人类社会的进步。

然而，光的世界远比我们所知的要广阔。我们希望这本书能够激发读者带着好奇心，继续探索光的奥秘，去创造更多的奇迹。

图书在版编目（CIP）数据

光之书：光学奥秘探索之旅 / 王旌尧，张译心著.
北京 ： 人民邮电出版社，2025. -- ISBN 978-7-115
-66976-6

Ⅰ．O43-49

中国国家版本馆 CIP 数据核字第 2025Z4B366 号

◆ 著　　　　王旌尧　张译心
　　责任编辑　赵　轩
　　责任印制　胡　南
◆ 人民邮电出版社出版发行　　北京市丰台区成寿寺路 11 号
　　邮编　100164　　电子邮件　315@ptpress.com.cn
　　网址　https://www.ptpress.com.cn
　　北京瑞禾彩色印刷有限公司印刷
◆ 开本：880×1230　1/32
　　印张：3.375　　　　　　　　2025 年 9 月第 1 版
　　字数：55 千字　　　　　　　2025 年 9 月北京第 1 次印刷

定价：49.80 元

读者服务热线：(010)84084456-6009　印装质量热线：(010)81055316
反盗版热线：(010)81055315